爱上科学
Science

123456789

My Path to Math

我的数学之路

数学思维启蒙全书

第**3**辑

有关钱的问题 | 有关时间的应用题
有关质量和容积的应用题

■ ［美］玛丽娜·科恩（Marina Cohen）等　著

阿尔法派工作室　李婷　译

人民邮电出版社
北京

版权声明

目 录
CONTENTS

有关钱的问题

有关时间的应用题

有关质量和容积的应用题

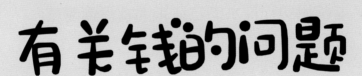

有关钱的问题

募集资金

　　布莱恩想为小镇上的食品库募集资金。食品库的员工会用这些钱购买食物并用食物帮助那些有需要的人。

　　布莱恩决定摆一个柠檬水小摊。他准备用卖柠檬水的方法来为食品库募集资金。

拓 展

　　大多数国家都有自己国家的货币种类。你能说出你见过哪些国家的**硬币**和**纸币**吗？

布莱恩为他的小摊设计了一个招牌。

元、角和分

布莱恩去商店采购小摊需要的物品。每个柠檬的价格是5角，布莱恩挑了8个。他知道2个5角硬币相当于1元，也就是2个柠檬的价格是1元。所以，4个柠檬的价格是2元。

硬币种类	几枚硬币能组成1元
5角	2
1角	
5分	
1分	

拓展

将表格补充完整来表示组成1元的4种方式。

每个柠檬的价格是5角。

柠檬

¥0.50/个

找零

布莱恩买了一罐蜂蜜来为柠檬水增加甜味，它的价格是2元。布莱恩用来买柠檬和蜂蜜的钱的**总数**为4元，如果他用一张5元的纸币支付，他将拿回多少**零钱**？

▲ 蜂蜜

小数点

右图中的这些点被称作**小数点**。小数点左边的数字表示元数，小数点右边的数字表示角和分数。我们必须将小数点对齐才能加减钱数。

$$¥\ 5.00$$
$$-¥\ 4.00$$
$$¥\ 1.00$$

答案中的小数点也要对齐。

拓展

如果布莱恩想要10个柠檬，他就需要5元。如果他支付一张10元的纸币，他将拿回多少零钱？

有关钱的术语

布莱恩的爸爸帮助他制作柠檬水。8个柠檬可以做4壶柠檬水，每壶柠檬水可以分装8杯，所以8个柠檬总共可以做出32杯柠檬水。

现在，布莱恩必须决定1杯柠檬水**售价**是多少，他需要获得**利润**。他的爸爸解释售价1角是不够的。32（32×1角）角等于3.2元。但布莱恩支付了4元来买柠檬和蜂蜜，所以售价1角是没有利润的！

最后，布莱恩决定1杯柠檬水的定价5角，并把价格写在招牌上。他可以用以下方式中的任意一种来写招牌。

1元纸币	￥1.00
1枚5角硬币	￥0.50
1枚1角硬币	
1枚5分硬币	
1枚1分硬币	

5角
0.50元

拓 展

把表格中空白地方补充完整。

5角

1杯柠檬水的价格是5角。

5 角

布莱恩的第一位**顾客**是乔。乔给了布莱恩4枚5分硬币和3枚1角硬币。那些钱够支付一杯柠檬水吗？

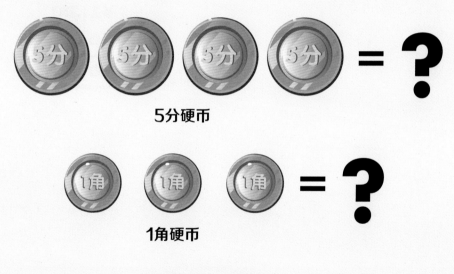

5分硬币

1角硬币

总共多少钱？

拓 展

你如何用1角硬币组成5角？

你如何用5分硬币组成5角？

你能想到用硬币组成5角的其他方式吗？

减去钱

布莱恩的下一位顾客给了他1张1元纸币。布莱恩知道1元是10角。他必须减去1杯柠檬水的5角，然后找给顾客5角的零钱。

$$
\begin{array}{r}
0 \quad 10 \\
¥\cancel{1}.\cancel{0}0 \\
-\ ¥0.50 \\
\hline
¥0.50
\end{array}
$$

1元

◀1元纸币

拓展

 − **=**

如果1杯柠檬水的价值是1角。

一位顾客支付了1枚5角硬币。

你需要找给顾客多少零钱？

通过买柠檬水，顾客们也帮小镇上的食品库募集到了资金。

加上钱

布莱恩的下一位顾客非常渴，他想买两杯柠檬水。
布莱恩告诉他两杯柠檬水的售价是1元。

¥0.50 **+** ¥0.50 **=** 1元

拓展

3杯柠檬水价值多少钱？

¥0.50 **+** ¥0.50 **+** ¥0.50 **=**

¥0.50
¥0.50
+ ¥0.50
¥ .

记住：小数点左边的数字表示元数。

两杯柠檬水卖1元。

将硬币分类

所有的柠檬水都卖完了！有的人也将找零的钱捐给了食品库。布莱恩放钱的盒子里有许多纸币和硬币。他现在必须把它们都数一数。

布莱恩把同样面额的纸币分成摞，他摆出一摞5元的纸币和一摞1元的纸币。他把硬币也排成列，然后数了数。布莱恩得出每种不同面值的纸币和硬币的总数并把它们加到一起。

拓展

将表格中空缺的地方补充完整来帮助布莱恩算出他赚了多少钱。

面值与数量	总数
5元纸币	20元
1元纸币	
5角硬币	
1角硬币	
5分硬币	
1分硬币	

金钱的意义

布莱恩把总数加起来看看他赚了多少钱。钱加起来达到23.5元。

接下来，布莱恩支付给爸爸4元的柠檬和蜂蜜钱。然后他们把剩余的钱捐给食品库。布莱恩很兴奋，他赚的钱将会帮到别人。

布莱恩今天工作很努力，他学到了许多有关钱的知识。为了对自己表示祝贺，他给自己做了一杯柠檬水！

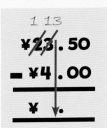

拓展

布莱恩赚了23.5元。如果他再多卖5杯柠檬水，他将会赚多少钱？

术 语

纸币（bill） 纸质的钱。

零钱（change） 某人支付了比要价更多的钱而找回的钱。

售价（charge） 对于商品的要价。

硬币（coin） 金属质地的钱。

顾客（customer） 购买东西或服务的人。

小数点（decimal point） 将比1大的数和比1小的数分开的点。

利润（profit） 在支付完所有开销之后赚的钱。

总数（tatal） 总共的数量。

数 硬 币

 = ¥ 1.00

 = ¥

 = ¥

把每一行的硬币加起来。你找到规律了吗?

有关时间的
应用题

各种各样的钟表

派珀尔和马尔科姆正在参观塔克先生的钟表店，店里有各种各样的钟表。派珀尔指出她最喜欢的一款钟表，塔克说这是一个**指针式时钟**。

指针式时钟的**表盘**上分布有数字1到12，表盘里有一根时针、一根分针和一根秒针，指针围绕表盘做圆周运动，指向表示时间的具体数字。

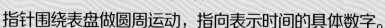

右图中的就是指针式时钟。其中较短的指针指示小时，叫时针，较长的指针指示分钟，叫分针，红色的指针则在数秒，叫秒针。

马尔科姆向派珀尔展示了另一种钟表，塔克先生说这是一个**数字显示式时钟**。它仅仅使用数字来显示时间。小时在**冒号"："**的左边，分钟在冒号"："的右边。

这是一个数字显示式时钟。

拓 展

把表示相同时间的钟表连起来。

上午和下午

指针式时钟的12个数字表示12小时，但是派珀尔知道一天有24小时。塔克先生向马尔科姆和派珀尔展示了一个表格，它展示了一天的24小时。午夜12时之后，时钟的数字再次从1开始。（右侧图中，a.m.表示上午，p.m.表示下午）。

| 12:00 a.m. – 午夜 |
| 1:00 a.m. |
| 2:00 a.m. |
| 3:00 a.m. |
| 4:00 a.m. |
| 5:00 a.m. |
| 6:00 a.m. |
| 7:00 a.m. |
| 8:00 a.m. |
| 9:00 a.m. |
| 10:00 a.m. |
| 11:00 a.m. |
| 12:00 p.m. – 中午 |
| 1:00 p.m. |
| 2:00 p.m. |
| 3:00 p.m. |
| 4:00 p.m. |
| 5:00 p.m. |
| 6:00 p.m. |
| 7:00 p.m. |
| 8:00 p.m. |
| 9:00 p.m. |
| 10:00 p.m. |
| 11:00 p.m. |

每天的时间可以被分成两部分，每部分有12小时，而且每小时都有一个代表的数。在一天的正中间来临的12时被称作**中午**，在夜晚来临的12时被称作**午夜**。我们把从午夜到中午的时间称作**上午**，把从中午到午夜的时间称作**下午**。

塔克先生让孩子们说出他们每天要做的事情。马尔科姆在上午7时吃早饭，他能利用"吃早饭"这件事来记住上午意味着什么。派珀尔在下午8时准备睡觉，她能利用"睡觉"这件事记住下午意味着什么。

拓展

横线处应该填上午还是下午？

我在_____8时去上学。

我在_____6时吃晚饭。

有关时间的应用题

星期六，钟表店在上午10时开门营业，在下午5时关门。塔克先生让马尔科姆和派珀尔算出钟表店星期六一共开门营业了几小时？

派珀尔认为这听起来像道应用题，她决定将问题分成几步。塔克先生帮忙写下步骤。

有关时间的应用题

1. 题目让你做什么？寻找关键词。检查时间是上午还是下午。

2. 你会如何解决这道题？你会用加法还是用减法来解决这道题？

3. 利用时钟、数轴或算式来帮助你。

4. 算出题目。

5. 你的答案正确吗？

马尔科姆和派珀尔列出有助于他们解决应用题的关键词。

加法（＋）	减法（－）
总共	剩余多少
一共	多多少
总数	少多少（不可数）
更晚	少多少（可数）
时间将会是	更早
更长	之前

利用数轴来计量时间

派珀尔看到关键词"一共"，就知道他们需要做**加法**来解决这道题。马尔科姆看了这道题后，觉得这是一道有难度的题。题目中说，钟表店在上午开门营业，在下午关门。塔克先生认为画一条**数轴**将有助于他们算出答案。

应用题1

一家商店在上午10时开门营业。它在下午5时关门。商店一共开门营业几小时？

出售钟表：来这里找点时间

派珀尔画出数轴。数轴的左边从上午10时开始。然后，每过一小时，派珀尔就向右标记一小格，每个小格的间隔是相等的，一直标记到下午5时。她在短竖线上标上午10时、上午11时、中午12时，当她标记到中午12时，她再次从1开始标记。

接下来，孩子们需要数一数数轴上有几小时。他们从上午10时处开始做加法，从左往右数。在下午5时的标记处停止。孩子们一共数出了7小时，所以这道题的答案是：钟表店每天开门营业7小时。

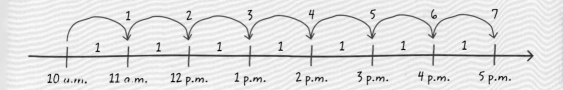

拓 展

马尔科姆从上午8时到下午3时在学校上学。请问他每天总共需要上学几小时？用画数轴的方法来帮助你解决这个问题吧！

以5为间隔数时间

你看到题目里的关键词了吗？"将会在……后"，它提示你可能需要用加法。塔克先生说他们可以以5分钟为一组来计数。马尔科姆说他会以5为间隔数数。塔克先生说以5秒为间隔计时和简单数数是不一样的。他画了一个钟表。

塔克先生画了一个有指针式的钟表，并且绕着钟表写下数字。他以5分钟为间隔写下数字：5、10、15、20、25、30、35、40、45、50和55。在55之后，塔克先生写下了0。1小时有60分钟。当我们读时间时，1:55是1时55分。当每满60分时，我们把小时数加1，并且将分钟回到0重新开始计数。所以，1:55过去5分钟后，就是2:00。1:55过去10分钟后，就是2:05。

孩子们马上开始运用塔克先生画的钟表。他们从10:50开始，以5为间隔向后数了25。

所以答案是：运输车将会在上午11时15分到达店里。

拓 展

校车一般会在上午7:15来，但今天它将会迟到15分钟。请问今天校车将会在什么时候来？以5为间隔数数，运用钟表来帮助你解决这道题吧！

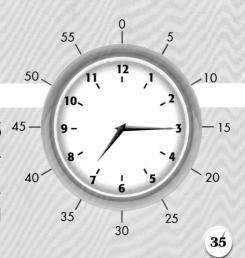

利用数轴来学习时间

塔克先生又给派珀尔和马尔科姆出了一道题。马尔科姆看到关键词"将会"。孩子们知道这个词告诉他们应该做加法来解决这道题，他们可以以5分钟为间隔数数来解决这道题。这次他们也会用到数轴。

应用题3

下午12时45分的时候，我订了一块比萨。比萨将会在20分钟后送达。那时是几点？

派珀尔画了一个数轴。她在数轴上以5分钟为单位做标记。马尔科姆和派珀尔从12:45开始数。他们从左到右以5为间隔向右数了20。题目问比萨将会在什么时候送达，那这么做是对的！比萨将会在下午1时5分送达。

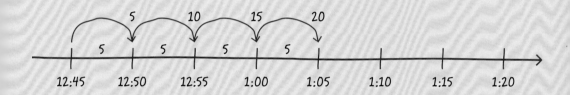

拓 展

塔克夫人打算制作一份比萨。比萨在下午12:20被放进烤箱，它需要烤制25分钟。请问比萨什么时候能烤好呢？画一条数轴来帮助你解决这个问题吧！

37

利用数轴来减去时间

派珀尔在右边这道应用题中找到关键词"比……多多少"。要解决这个问题，马尔科姆和派珀尔需要做**减法**。当他们做加法时，需要从数轴的左边开始向右数。要做减法的话，需要从右边开始向左数。

应用题4

派珀尔和马尔科姆同时从家出发。马尔科姆上午9:12到达钟表店，派珀尔上午9:20到达钟表店。派珀尔比马尔科姆多花了多长时间才到达店里？

马尔科姆画下数轴，数轴上的每个标记代表1分钟。马尔科姆和派珀尔从9:20处开始，从右往左、以1为间隔向左数到9:12处，共数了8个标记处。所以派珀尔比马尔科姆多花了8分钟才到达店里。

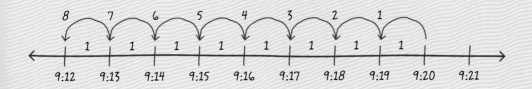

拓 展

李先生和阿布杜拉女士在下午2:05来到店里。李先生在下午2:13离开，阿布杜拉女士在下午2:21离开。阿布杜拉女士比李先生在店里多待了多长时间？画一条数轴来解决这个问题吧！

解决问题不止有一种方法

塔克先生又给马尔科姆和派珀尔出了一道题让他们解决。你看到关键词了吗？

马尔科姆画了一条数轴。他从1小时45分钟处开始，每5分钟做一个标记，并在2小时20分钟处停止。马尔科姆将会使用减法运算。他从2小时20分钟开始，以5为间隔往左数。利用数轴，他得出了答案：修理钟表B比修理钟表A少花了35分钟。

> ### 应用题5
>
> 塔克先生修理了两个钟表。修理钟表A花费了2小时20分钟。修理钟表B花费了1小时45分钟。塔克先生修理钟表B比修理钟表A少花了多少分钟？

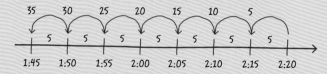

塔克先生说解决问题经常不止一种方法。他向派珀尔展示如何运用算式来解决问题。词语"比……少多少"意味着她可能需要用减法。

涉及两个不同的单位——小时和分钟。

> 2 小时20 分钟
> − 1 小时45 分钟
> _____
> ?

塔克先生告诉派珀尔她必须从分钟开始计算。派珀尔知道45比20大，她从1小时中"借"一点来做减法。派珀尔知道1小时等于60分钟。

> 2小时20分钟 = 1小时+（60分钟+20分钟）
> = 1小时80分钟

现在她准备好做减法了。

> 7 10
> 1 小时，8̶0̶ 分钟
> − 1 小时，45 分钟
> _____
> 0 小时，35 分钟

你学会这种方法了吗？

拓 展

星期一，派珀尔跳绳1小时。星期二，她跳了42分钟。派珀尔星期一比星期二多跳了多长时间？请你用两种方法来解决这个问题。

自己出应用题

孩子们给塔克先生出了
一道应用题来让他解决。

应用题6

派珀尔和马尔科姆每人写了一篇作文。他们同时开始写。马尔科姆在下午3:55完成，派珀尔比马尔科姆多耗时25分钟。派珀尔在几点几分写完了她的作文？

塔克先生看到关键词"比……多"。他意识到这道题可能要用加法计算。他画了一条从3:55开始的数轴。每个标记代表5分钟，然后他以5为间隔往右数了25，在下午4:20处停止。

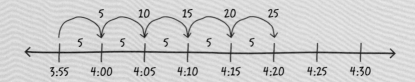

塔克先生写出一道算式。

3:55+25分钟=?
或3:55+0:25=?

然后他把它们加在一起。

$$
\begin{array}{r}
3:55 \\
+\ 0:25 \\
\hline
3:80
\end{array}
$$

塔克先生知道80分钟比1小时（60分钟）多。他从80分钟里拿出60分钟，也就是1小时，这样就可以算出80分钟减去1小时后还剩多少分钟。

80 分钟 – 60 分钟 = 20 分钟

然后，他在小时的位置把这1小时加上。

3:00 + 1小时 = 4:00

再加上20分钟，塔克先生就得出了答案：派珀尔在下午4:20的时候完成了她的作文。

拓 展

自己出一道应用题。记得使用关键词，然后用算式解决你的问题。

术 语

上午（a.m.） 从午夜到中午的时间。

加法（add） 把两个或更多的数字或事情合并或组合在一起，得出新的总数或和。

指针式时钟（analog clock） 被用来计量时间的工具；它利用可移动的时针、分针和秒针来表示时间。

冒号（：，colon） 在时间的表达中，被用来将小时和分钟分离，小时在冒号的左边，分钟在冒号的右边。

数字显示式时钟（digital clock） 被用来计量时间的工具；时间以数字来表示，数字显示式时钟上没有可移动的指针。

表盘（face） 钟表的正面；标有数字和刻度的那一面。

午夜（midnight） 夜晚正中间12点的名称。

中午（noon） 白天正中间12点的名称。

数轴（number line） 本章中，数轴代表规定了正方向和单位长度的直线。

下午（p.m.） 从中午到午夜的时间。

减法（subtract） 从一个数字中去掉一部分。

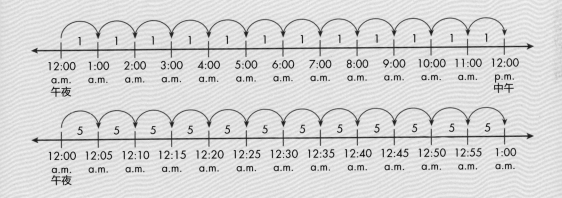

容积是什么

　　杰达、泽维尔和同学们正忙于为学校募集资金。孩子们打算卖奶昔赚钱来购买新的体育器材。他们想先制作一大罐奶昔，然后把它分成小杯来卖。杰达说她有适合装奶昔的容器。

泽维尔说容器必须易于测量奶昔的**容积**。容积是物质占据的空间的数量。我们周围的一切都是由**物质**构成的，包括你在内！容积可以用不同的单位来测量，例如盎司、品脱、**夸脱**和**加仑**，也能用**毫升**或升为单位来测量。**容量**是一个容器能容纳的物质的总量。

1美制液盎司≈29.57毫升

1美制湿量品脱≈473.18毫升

1美制湿量夸脱≈946.35毫升

1美制加仑≈3785.41毫升≈3.79升

1毫升大约是20滴水的体积。

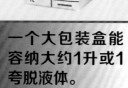

一个大杯子能容纳大约16盎司或1品脱液体。

一个大包装盒能容纳大约1升或1夸脱液体。

一个牛奶瓶能容纳大约1加仑液体。

测量容积

要测出液体的容积，你需要把液体倒进一个标有液体容积测量刻度的容器中。烧杯和量筒都是能测量容积的工具。

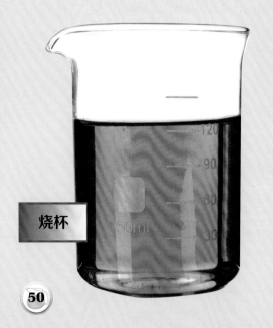

烧杯

在读数时应该平视烧杯或量筒中的液面。

当测量液体时，视线要与量筒内液体最低凹液面处保持水平后再读数。**凹液面**在液柱的顶部，并且沿容器壁稍稍弯曲。

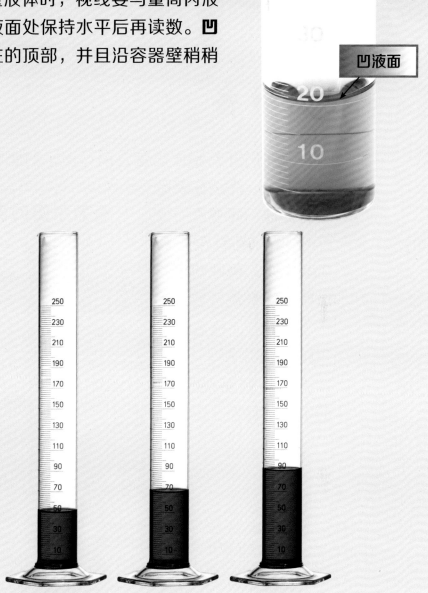

拓 展

上方的量筒是以毫升为单位的。每个量筒中显示的液体量各是多少？

做好准备

  在他们开始制作奶昔之前，孩子们必须确保所需原料充足。杰达在菜谱上看到他们需要750毫升牛奶，她需要去商店买牛奶。当她回来的时候，泽维尔看到她买了3盒牛奶，每盒容纳250毫升牛奶。杰达买够做奶昔需要的牛奶了吗？

有关牛奶的应用题

  杰达在商店买了3盒牛奶，每盒容纳250毫升牛奶。她总共买了多少毫升牛奶？

泽维尔记起他在学校学会的一些步骤来帮助他解决这个问题。

解决应用题的步骤
1. **理解**——题目让你做什么？要解决它的话，你已经掌握了哪些信息？
2. **计划**——你要如何解决这个问题？你将会运用哪种运算？使用数字、图画或模型来解决问题。
3. **解决**——算出答案。
4. **检验**——你的答案正确吗？

泽维尔的思考

我必须验证牛奶的总量是否等于750毫升。如果我把3个容器内的牛奶加在一起，我应该就能算出杰达总共买了多少毫升牛奶。

250毫升 + 250毫升 + 250毫升 = 750毫升

泽维尔知道杰达已经买了足够的牛奶来做奶昔。

混合和测量

　　孩子们正在努力制作奶昔，他们正在努力装满杰达的20升的容器。杰达看着容器上的刻度，迄今为止，他们已经制作了12升奶昔。一小时后，杰达看到他们已经制作了19升奶昔。他们在这一小时内制作了多少奶昔？

有关奶昔的应用题

　　目前，孩子们已经制作了12升奶昔。一小时后，容器中有19升奶昔。一小时内他们制作了多少升奶昔？

杰达的思考

一小时前有12升奶昔。我知道现在总共有19升奶昔，我可以用19升减去12升来得出我们一小时内制作了多少升奶昔。

杰达画了一份表格来帮助她解决这个问题。

总共19升

12升	?
开始的数量	增加的数量

杰达写下一道算式来表示这个问题：

19升 − 12升 ＝ ？

孩子们在一小时内制作了7升奶昔。

拓展

一个足球教练为一场比赛买了一个内含25升水的饮水冷却器。足球比赛过后，容器中还有18升水。运动员们在比赛期间喝了多少升水？解释一下你是如何知道的。

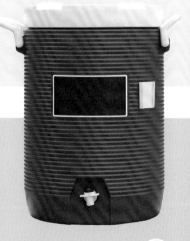

用除法解决问题

现在，20升的容器中装满了奶昔。泽维尔尝试拿起容器，但是它太重了！他们需要把奶昔倒进较小的容器里以便携带。泽维尔找到5个容器来倒奶昔。他想把奶昔分成相等的几份，这样的话每个容器里的奶昔数量相同。

分奶昔

泽维尔需要把20升奶昔等量分到5个容器里。他应该往每个容器里倒多少升奶昔？

泽维尔画了一个图来帮助他算出应该往每个容器中倒多少升奶昔。

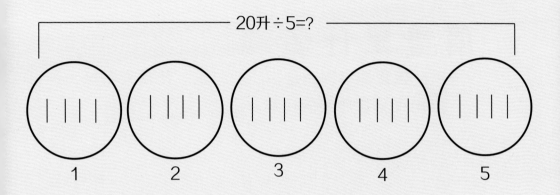

他画了5个圆代表每个容器。他在圆1中画了一个记号代表1升奶昔，然后在圆2中画了一个记号……他一直按顺序往5个圆中画记号，直到画完20个记号，然后他数了数每个圆中的记号数。泽维尔应该往每个容器中倒多少升奶昔？

泽维尔的思考

使用记号会帮助我将奶昔等量分到容器里。

拓 展

自己出一道关于容积的应用题，确保它能够用画图的方式解决。把你出的应用题给一位朋友看，当他完成的时候，检查他的答案。

质量是什么

　　质量是事物所含物质的总量。**托盘天平**是一种可以用来测量质量的工具。

臂

托盘天平

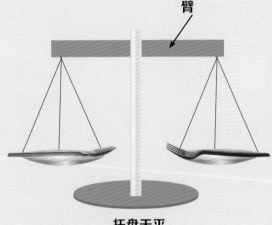

托盘天平

托盘天平的左边较低，意味着纸比砝码要重；右边较高，意味着砝码比纸要轻。

托盘天平臂是平的，意味着两边托盘内的物体一样重。

质量可以用不同的单位来测量，例如克和千克。

一枚大回形针重约1克。

一本厚书重约1千克。

拓 展

你将会用哪个单位来计量这些物品的质量？

☐	克		☐	克
☐	千克		☐	千克

找到短缺的质量

在去募集资金的路上，孩子们在一家商店停下，买了一盒吸管和一盒杯子。商店营业员将两个盒子一起称，并且告诉他们总质量是475克。泽维尔看了看吸管盒，并且看到吸管盒上注明的质量是125克。他让杰达算出一盒杯子的质量是多少。

找到一盒杯子的质量

一盒吸管和一盒杯子的总质量是475克，一盒吸管的质量是125克。一盒杯子的质量是多少？

杰达利用她所知道的信息制作了一份表格来帮助她解决这个问题。

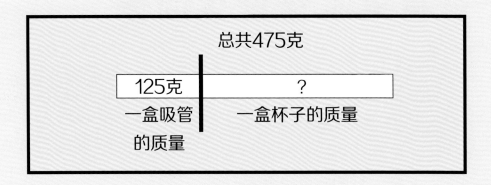

杰达写下一道算式来表示这个问题：

475克 − 125克 = ？

杰达算出一盒杯子的质量是350克。

拓 展

运用加法来检验杰达上面的计算。你应该把哪两个数量相加？写出一个算式来表示你的计算。

提示：你的答案应该是一盒吸管和一盒杯子的总质量。

使用乘法解决问题

孩子们想把猕猴桃和奶昔放在一起卖。他们在商店买了猕猴桃，商店营业员称了1个猕猴桃，它的质量是40克。孩子们决定买5个猕猴桃。泽维尔想知道5个猕猴桃的总质量是多少。

有关猕猴桃的应用题

1个猕猴桃的质量是40克。5个猕猴桃的总质量是多少？

泽维尔的思考

一个猕猴桃的质量为40克。如果我把这个数字乘5，我就会得到5个猕猴桃的总质量。我可以画一张图，然后以10为间隔数数来帮助我将这两个数字相乘。

泽维尔使用基数为10的方块画了一张图，他先画了5个猕猴桃，他知道每个猕猴桃的质量是40克。在每个猕猴桃下方，他画了4列基数为10的方块每一张图就代表40克。

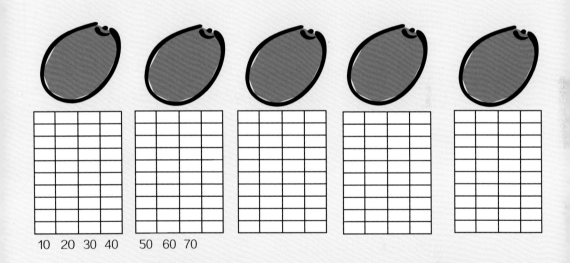

10 20 30 40   50 60 70

他以10为间隔来数这些方格，最后泽维尔以算式形式写下他的答案：

40克 × 5 = 200克

5个猕猴桃的总质量是200克。

更多有关质量的应用题

孩子们卖完了所有的奶昔和猕猴桃。在他们回家的路上，他们看到瓦茨先生正在花园里工作。瓦茨先生想种4盆花。首先，他需要将大花盆装满土。他有一袋总重32千克的土，他想把袋子里的土分放在4个大花盆里，并使每个大花盆里有质量相同的土。他让孩子们帮他算算每个大花盆里应该放多少千克的土？

有关土壤的应用题

瓦茨先生有一袋32千克的土。他想把袋子里的土平均分到4个大花盆里。他应该往每个大花盆里放多少千克的土？

杰达使用瓦茨先生的4个花盆和一些石子来帮助她解决问题。

杰达将4个花盆排成一列。她捡出32颗石子，每个石子代表1千克。她从左到右依次往每个花盆里放1颗石子，直到放完所有石子。之后，她数了数每个花盆里的石子，并且以算式形式写下她的答案：

32千克 ÷ 4 = 8千克

杰达告诉瓦茨先生他需要往每个花盆里放8千克土。

拓 展

运用乘法来检验杰达上面的计算。你应该把哪两个数字乘到一起？写出一个算式来表示你的计算。

术 语

托盘天平（balance） 用来比较两个物体质量的工具；当物体质量相同时，天平臂将会是平的。

容量（capacity） 一个容器能容纳的物质的总量。

加仑（gallon） 表示容积的单位，1加仑=4夸脱或3.785升。

升（liter） 表示容积的单位，经常被用来测量牛奶和果汁；1升比1夸脱（美制）稍微多一点。

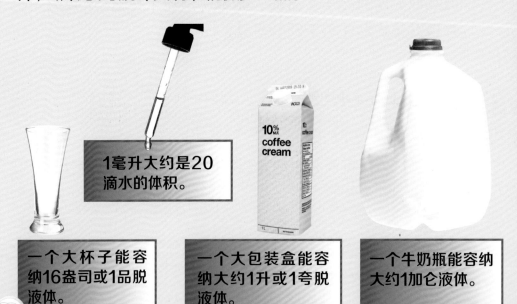

1毫升大约是20滴水的体积。

一个大杯子能容纳16盎司或1品脱液体。

一个大包装盒能容纳大约1升或1夸脱液体。

一个牛奶瓶能容纳大约1加仑液体。

质量（mass）　事物所含物质的量。

物质（matter）　组成宇宙间一切事物的材料。

凹液面（meniscus）　沿容器壁向上弯曲的液面，位于被测液体的顶部。

毫升（milliliter）　测量小容积的单位，1000毫升＝1升。

夸脱（quart）　测量容积的单位，经常被用来测量牛奶和果汁；1夸脱比1升稍微小一点。

容积（volume）　物质占据的空间的大小，一个容器或一个空间能容纳多少物质。

一枚大回形针重约1克。

一本厚书重约1千克。